SALVADOS DE LA EXTINCIÓN

LOS ANIMALES MARINOS

BLACK RABBIT BOOKS | JOANNE MATTERN

TABLA DE CONTENIDOS

1

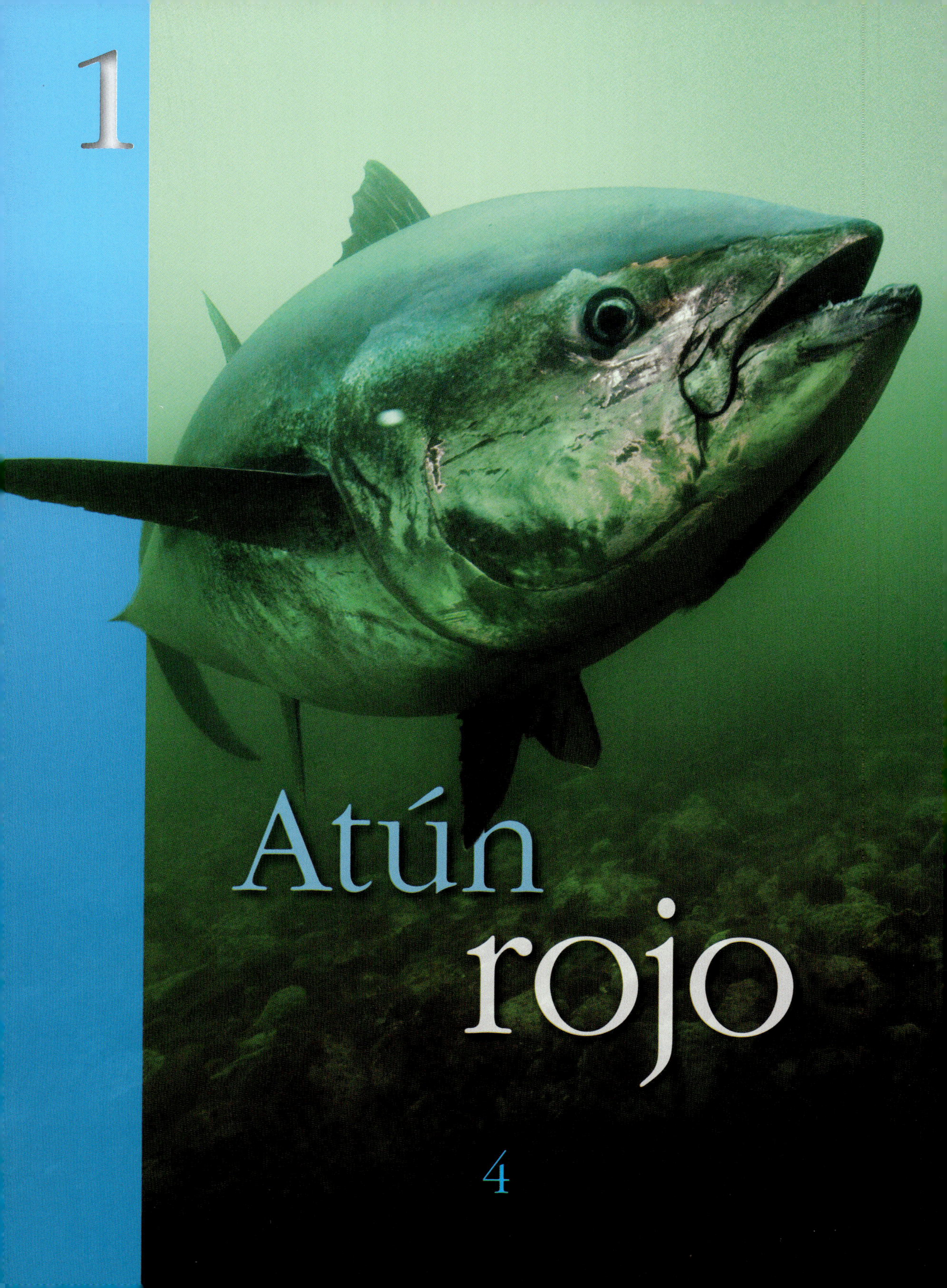

Atún rojo

Este gran pez alguna vez nadó por todo el océano Atlántico. Pero la sobrepesca redujo su población. Había que hacer algo.

El gobierno limitó la cantidad de peces que se podían capturar. Los científicos **etiquetaron** a los peces. Descubrieron dónde vivían. Esto los ayudó a proteger su hábitat. A partir de 2021, el atún rojo ya no corre peligro.

¿Sabías que...?

El atún rojo puede llegar a medir unos 6 pies (1.8 metros) de largo.

2

Manatí
de Florida

Los manatíes nadan en aguas cálidas en el sur de los Estados Unidos. A la gente también le gustan estas aguas. Navegan en sus lanchas cerca de las casas de los manatíes. Muchos animales son atropellados y mueren.

Hay leyes para proteger a los manatíes. En algunos lugares hay límites de velocidad. La gente reduce la velocidad de sus lanchas. Están atentos a la presencia de manatíes y los esquivan.

El manatí sigue en problemas. Pero esta criatura marina está regresando porque las aguas son más seguras.

Piensa en esto

¿Por qué son importantes las leyes para proteger a los animales?

3

Foca de Guadalupe

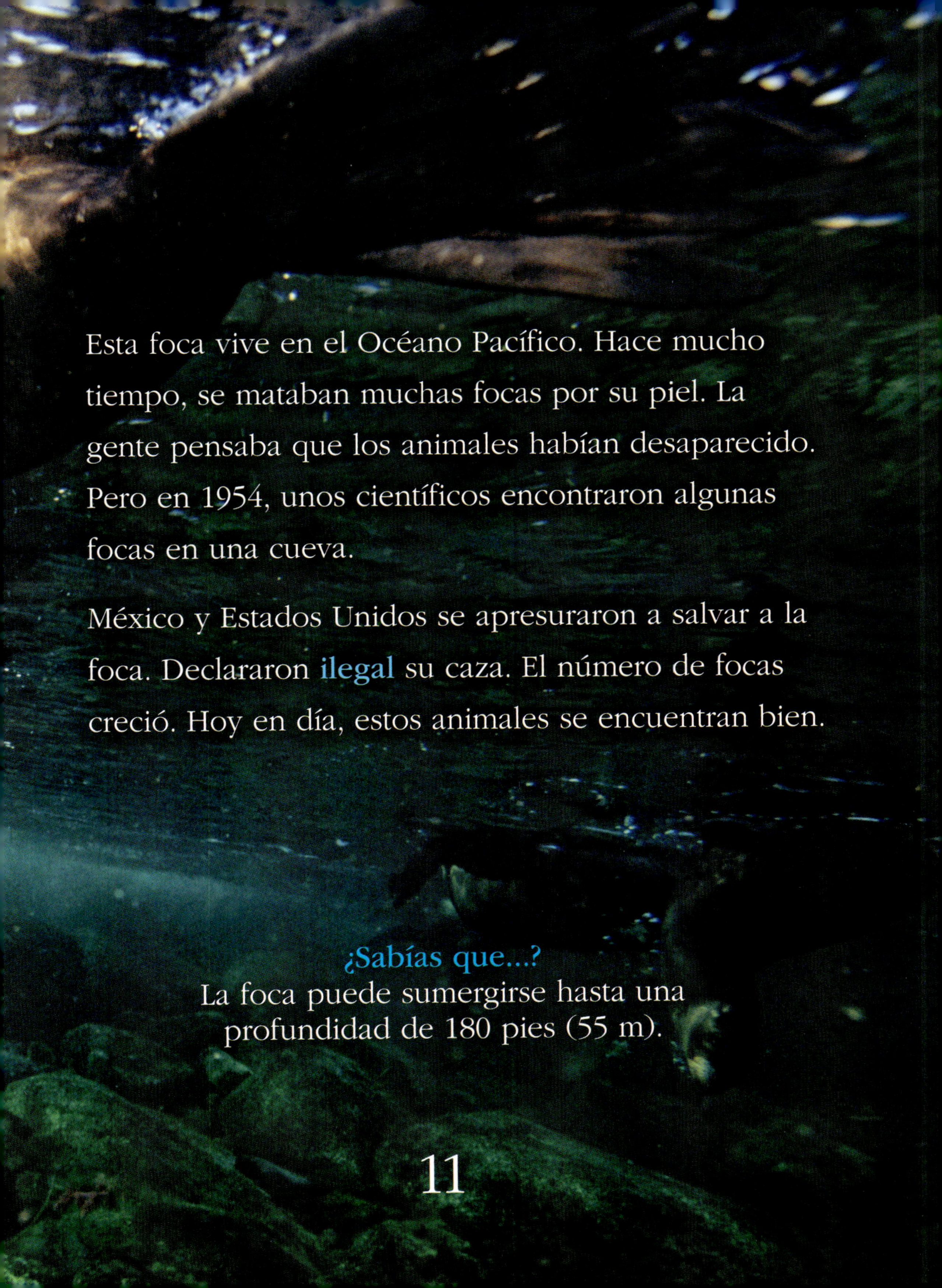

Esta foca vive en el Océano Pacífico. Hace mucho tiempo, se mataban muchas focas por su piel. La gente pensaba que los animales habían desaparecido. Pero en 1954, unos científicos encontraron algunas focas en una cueva.

México y Estados Unidos se apresuraron a salvar a la foca. Declararon ilegal su caza. El número de focas creció. Hoy en día, estos animales se encuentran bien.

¿Sabías que...?

La foca puede sumergirse hasta una profundidad de 180 pies (55 m).

Ballena jorobada

4

Durante años, estas ballenas gigantes fueron cazadas por su carne y su **grasa**. En la década de 1980, solo quedaban 440 ballenas jorobadas.

Muchos países comenzaron a prohibir la caza de ballenas en 1986. Esta fue una gran noticia para las ballenas jorobadas. Hoy, un gran número de estas ballenas nadan por los océanos del mundo.

¿Sabías que...?

La Ley de Especies en **Peligro de Extinción** es una lista de animales que están protegidos por la ley estadounidense. Las ballenas jorobadas se añadieron en 1973.

León marino de Steller

5

16

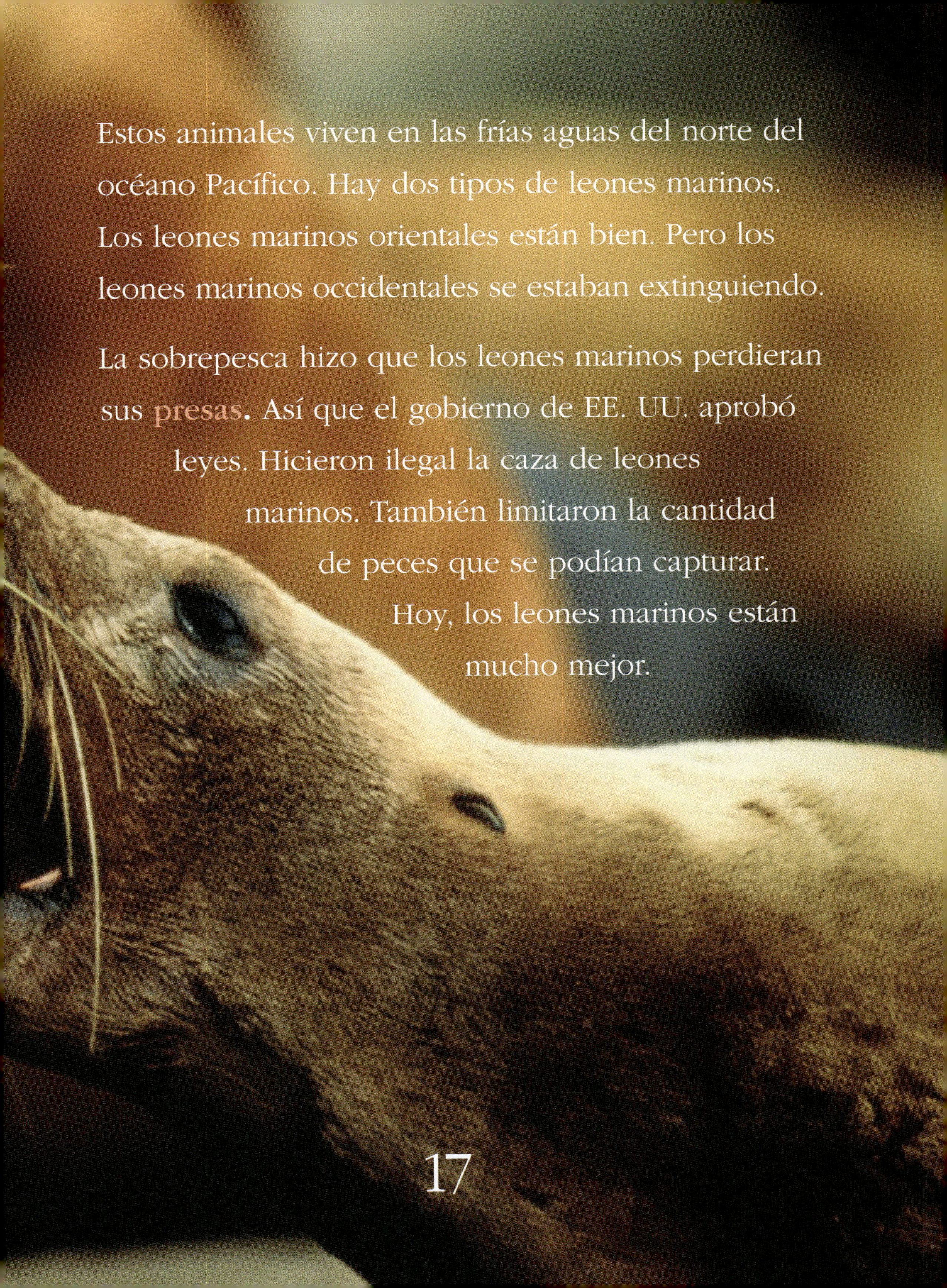

Estos animales viven en las frías aguas del norte del océano Pacífico. Hay dos tipos de leones marinos. Los leones marinos orientales están bien. Pero los leones marinos occidentales se estaban extinguiendo.

La sobrepesca hizo que los leones marinos perdieran sus **presas**. Así que el gobierno de EE. UU. aprobó leyes. Hicieron ilegal la caza de leones marinos. También limitaron la cantidad de peces que se podían capturar. Hoy, los leones marinos están mucho mejor.

Piensa en esto

¿Cómo puede la pérdida de presas afectar a los animales?

Pez espada

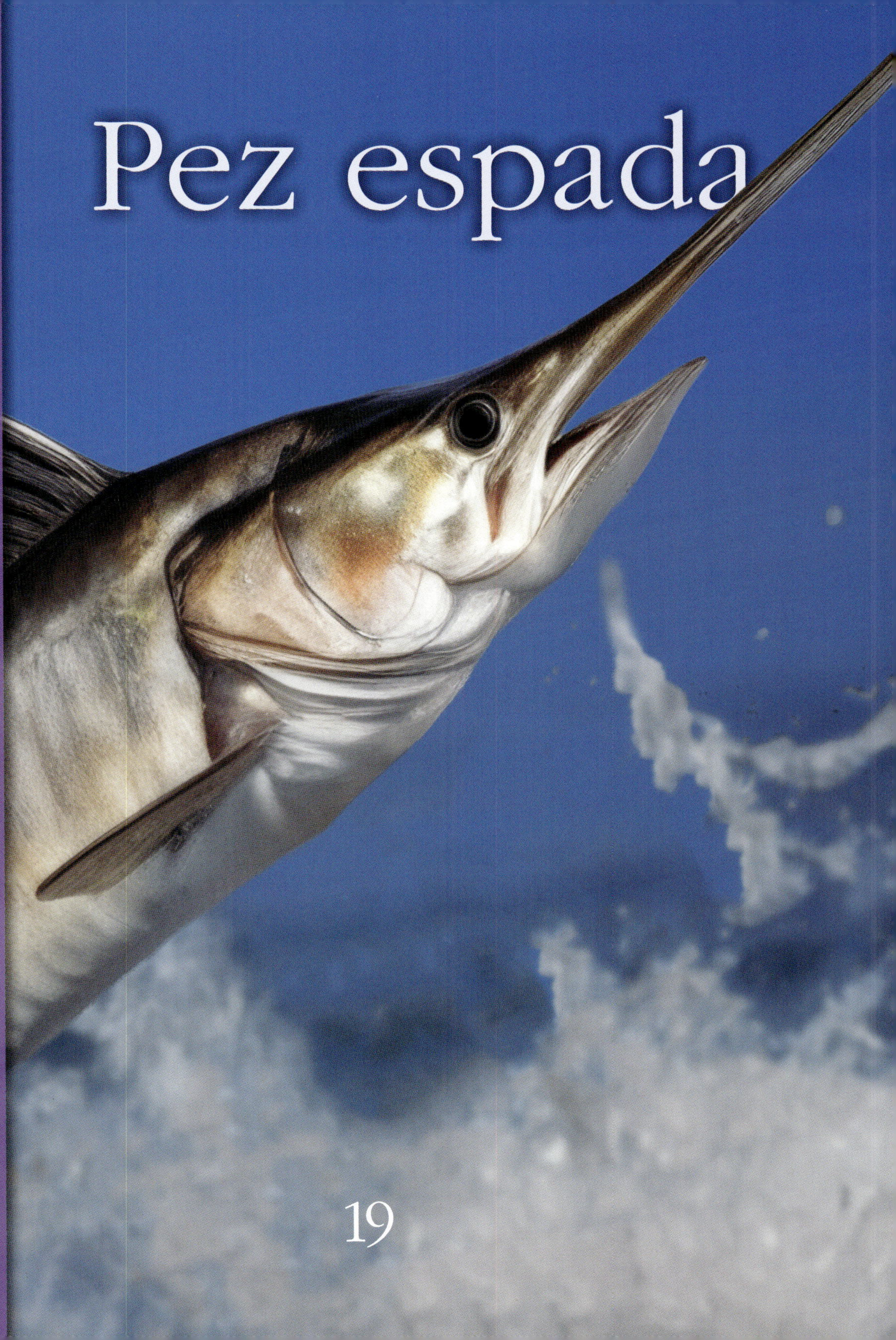

6

El pez espada recibe su nombre de su largo pico. Es un súper depredador. Pero también un blanco importante para la pesca.
En 1999, los científicos temían que el pez se extinguiera.

Muchos países de todo el mundo trabajaron para salvarlo. Limitaron la cantidad de peces espada que se podían capturar. Los científicos también usan satélites para rastrear a los peces espada. Esto los ayuda a llevar un registro de los peces. En 2017, había muchos más peces espada en los océanos.

Piensa en esto

¿De qué otras formas puede la tecnología ayudar a los animales en riesgo?

MÁS PARA EXPLORAR

¿EN QUÉ PARTE DEL MUNDO?

FOCA DE GUADALUPE
Océano Pacífico frente a la costa oeste de América del Norte

MANATÍ DE FLORIDA
Costa de Florida y sur de Estados Unidos

ATÚN ROJO
Océanos Atlántico, Pacífico e Índico

PEZ ESPADA
Océanos Atlántico, Pacífico e Índico

BALLENA JOROBADA
Todos los océanos

LEÓN MARINO DE STELLER
A lo largo de las costas del norte del Océano Pacífico

MÁS PARA EXPLORAR

DATOS FANTÁSTICOS

El atún rojo es uno de los peces más pesados del océano.

Los manatíes también se llaman vacas marinas.

Las focas de Guadalupe se sumergen en las profundidades para alimentarse de peces y calamares.

Antiguamente, la grasa de ballena se utilizaba para fabricar aceite para lámparas.

Los leones marinos de Steller pueden escalar acantilados y rocas.

El pez espada puede nadar a una velocidad de 60 millas (97 kilómetros) por hora.

MÁS PARA EXPLORAR

COMPARACIONES INTERESANTES

Estos animales están reapareciendo. ¿Cuántos viven hoy en estado silvestre?

Atún rojo
más de
1 millón

Manatí de Florida
entre 7,000
y 11,000

Foca de Guadalupe
alrededor
de 34,000

Ballena jorobada
alrededor
de 84,000

León marino de Steller
alrededor
de 46,000

Pez espada
se desconoce, pero
los números están
aumentando

MÁS PARA EXPLORAR

RECURSOS

Glosario

depredador Un animal que caza y come otros animales.

etiquetar Colocar un dispositivo de plástico en un animal para poder identificarlo.

en peligro de extinción A punto de desaparecer.

grasa El tejido adiposo de las ballenas y otros grandes mamíferos marinos.

ilegal Algo que va contra la ley o las normas.

presa Animal al que cazan o matan para comerlo.

satélite Una máquina enviada al espacio que se mueve alrededor de la Tierra, la Luna, el Sol u otro planeta.

Índice alfabético

TOP RANK es publicado por Black Rabbit Books, P.O. Box 227, Mankato, MN, 56002. • Top Rank un sello de Black Rabbit Books • Diseñadora de la serie: Danny Nanos • Diseñadora del libro: Jason Knudson • Fotografías © Adobe Stock/ Yendi08, 19, 21, 23; Alamy Stock Photo/Alex Mustard, 5, Joel Sartore Photography, 16–17, Michael Melford, 18, 21, 23, WaterFrame_fba 20, 21, 23; Dreamstime/Bualong Sadsana, 6-7, 21, 23; Getty Images/ Michael Nolan/robertharding, 12, 21, 23; Minden Pictures/Brian Skerry, 4, 21, 23, Nick Garbutt / NPL, 14; Shutterstock/Andrea Izzotti, 8, boulham, cover, 1, Justin Berken, 15, Stock High angle view, 2, Sunshower Shots, 9, Wirestock Creators, cover, 1; SuperStock/BlueGreen Pictures, 10–11, Norbert Probst, 13, 21, 23 • Printed in India

Library of Congress Cataloging-in-Publication Data: Names: Mattern, Joanne, 1963- author. | Title: Los animales marinos: salvados de la extinción / by Joanne Mattern. | Other titles: Sea animals. Spanish | Description: Mankato, MN: Top Rank is an imprint of Black Rabbit Books, [2026] | Series: Salvados de la extinción | Includes index. | Ages 8–11 | Grades 2–3 | Identifiers: LCCN 2024054676 (print) | LCCN 2024054677 (ebook) | ISBN 9781644669730 (library binding) | ISBN 9781644669877 (paperback) | ISBN 9781645824435 (ebook) | Subjects: LCSH: Marine animals—Juvenile literature. | Marine animals—Conservation—Juvenile literature. | Endangered species—Juvenile literature. | Classification: LCC QH541.5.S3 M33518 2026 (print) | LCC QH541.5.S3 | (ebook) | DDC 577.7—dc23/eng/20250127